金屬線飾品造型設計
Wire_Bead Jewelry Design

Mia 米 米亞◎著

目錄

金屬線飾品造型設計

Wire_Bead Jewelry Design

1

◆ Step P.38-42

翡綠花漾

以重複的圍捲纏繞的方式填滿整個外型框架，並點綴
天然石珠子，增添設計感。

◆ 示範樣式（作法參閱 P38-42）

2

海水正藍

看似繁複其實簡易的魚骨線型編繞方式，將海色寶珠
緊緊包裹，幻化成透明清澈的珠寶。

◆ Step P.43-50

3 珠落玉盤

將天然石珠相互交錯，綴落在盤格當中，突顯石珠的獨特美感。
彷如灑落的玉盤，優雅地排列著。

◆ Step P.51-54

◆ 示範樣式（作法參閱 P51-54）

4

◆ Step P.55-60

凡爾賽之舞

古樸低沉的青銅色系，襯托古典綠松與天河石，
跳躍著華麗的宮廷歌舞。

Elegant Melody

5

珍愛時光

微暈的珍珠光華，彷彿將心中最珍愛的心，
珍藏於光亮閃耀的寶石中，
下墜的流線勾勒出共度的美好時光。

◆ Step P.61-62

◆ 示範樣式（作法參閱 P61-62）

香草花園

用線勾勒出的花草樂園，
深淺不一的綠系小珠如同森林精靈般的嬉戲著，
花草的線條豐富花園的喜樂。

◆ Step P.63-69

7

Flying Wir

羽翼飛翔

不對稱的造形設計，不設限的飛翔夢想。
如天使般的雙翼，遨遊於無限的想像空間。

◆ Step P.70-73

8

Ange

甜心天使

甜美的粉橘色珠飾如天使般的甜美笑容，
優雅古典的線條形塑造出令人沉醉於其中
的歡喜心情，粉嫩的色彩如春神撫面。

◆ Step P.74-79

9

芙蓉胭脂

如出水芙蓉般即使粉黛未施，依然綻放迷人的風采。
淡淡的粉色系凸顯出輕巧放鬆的心情，蝴蝶結出的心情，
自由自在地穿梭於時空之中。

◆ Step P.80-85

10

萬里無雲

水天一色，萬里無雲。
淡藍色的寶石上，有著如葉片般的勾勒造型，
樸實無華的沉穩中另見真章，水天共融於心。

◆ Step P.86-91

工具、線材、五金配件介紹

一、工具

斜口鉗：剪線時使用。

尖嘴鉗：需選無牙型的鉗子，夾線、壓線時使用。

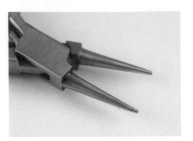

圓嘴鉗：需選無牙型的鉗子，轉圓時使用。

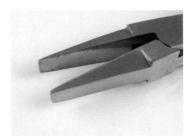

平口鉗：需選無牙型的鉗子，夾線、彎折時使用。

尼龍鉗：鉗子附有尼龍保護套，讓線材不易損傷。整線、夾線時使用。

五段式繞圈工具：轉圓時使用，一組2支，共有十個不同圓徑的尺寸可使用。

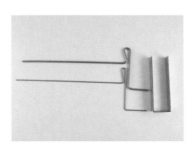

捲線器：捲彈簧圈時使用。

戒圍棒：做戒指時使用，並可用來輔助繞圓。上：鋼製。下：木製。

戒圈：測量戒圍尺寸。

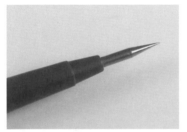

錐子：繞圓、網編穿圓時使用。

束鉗：捲麻花線時使用。

電鑽：捲麻花線、彈簧圈時使用，選擇可調整轉速的為佳。

二、金屬線材

本書所使用的線材皆為美國進口藝術銅線，其內心材質為銅，外面包覆了一層顏色與保護膜，但是否能防止過敏，需視個人體質而定。線材與完成後的飾品一樣，在不使用時都要保存在夾鍊袋（或盒子）中，以防止加速氧化退色。

線材粗細：常用的線材粗細為18G~28G，G（Gauge：金屬線粗細的單位）

18G - 直徑約 1.0mm
20G - 0.8mm
22G - 0.6mm
24G - 0.5mm
26G - 0.4mm
28G - 0.3mm

線材顏色：
國外線材顏色有很多種，筆者最常使用的是亮銀色、古金色、古銅色。

常用廠牌與素材：

Artistic wire圓線

Bead Smith圓線

Artistic wire 單圈

Bead Smith 方線、半圓線

三、五金配件

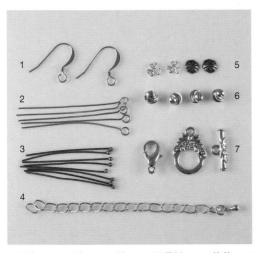

1. 耳勾　2. 9針　3. T針　4. 延長鏈　5. 花蓋　6. 金屬圓珠　7. 扣頭　8. 鏈條

基本技法

1-單圈製作

1-1
取適當大小的工具連續捲圈，一般做單圈可使用18G或20G線材。

1-2
斜口鉗的平面側90度對準線圈，剪下第一刀。

平面

1-3
看準下一刀的切面需平行第一刀。

平行

1-4
將斜口鉗的平面側反轉另一邊，剪第二刀。

平面

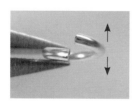

1-5
維持單圈的兩邊都是平面，單圈必須是前後開合，切勿左右開合。

1-6
單圈合起來時，呈現緊密狀態。

2-麻花線製作

2-1
手捲：兩條線必須維持一定的角度，麻花才能捲得平均。

2-2
束鉗：線的另一端用尖嘴鉗夾住，轉（滾）動束鉗即可。

2-3
電鑽（與束鉗相同）：注意轉速勿過快。

3-彈簧圈製作

3-1
手捲。

3-2
彈簧圈工具。

3-3
電鑽（注意：轉速過快無法製作彈簧圈）。

3-4
麻花線也可用來製作彈簧圈。

3-5
上：用麻花線捲的彈簧圈。
下：用直線捲的彈簧圈。

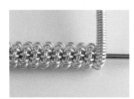

3-6
做好的彈簧圈可以再捲出不同
變化、更複雜的彈簧圈。

4-捲螺旋

4-1
用圓嘴鉗轉一小圓。

4-2
再用尼龍鉗繼續轉圈，請勿使
用沒有保護套的鉗子，很容易
損壞線材。

4-3
用尼龍鉗轉圈時，控制力道與
弧度，即可做出鬆度、密度不
同的螺旋。

5-轉圈造型

做造型時最常用的技法，針對各種粗細、軟硬不同
的線材可多練習。

5-1
轉圓：將線在指腹間旋轉，練
習控制力道，可轉不同的大小
圓型。

5-2
推線：弧型微幅調整，或S
形。

5-3
同步驟1。

5-4
上：單線造型練習。下：雙線
造型練習（兩線需注意平行，
勿上下交疊）。

基本技法

6-捲麻花瓣

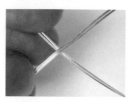

6-1
以兩條線為一組，兩組交叉置放（也可三條線為一組）。

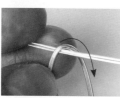

6-2
一組推圓弧向下（兩線需注意平行）。

6-3
另一組推圓弧向上（兩線需注意平行）。

6-4
重複上述動作直到所需的長度為止。

7-9針製作

01-活動式9針

7-01-1
線穿入珠子，上下皆推90度，並剪齊相同長度。

7-01-2
用圓嘴鉗轉一小圓。

7-01-3
完成步驟1。

7-01-4
活動式9針可隨時開合連接其他組件。

7-9針製作

02-固定式9針

7-02-1
線材先彎90度。

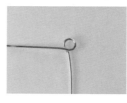

7-02-2
再用圓嘴鉗轉一小圓。

7-02-3
繞兩圈固定。

7-02-4
穿入珠子，另一邊的線也彎90度。

7-02-5
用圓嘴鉗轉出相同大小的圓。

7-02-6
繞兩圈固定。

7-02-7
兩邊的線順著珠子外緣繞到對面，做包邊造型。

7-02-8
再各自固定，剪掉餘線即可。

7-02-9
若不做包邊，則在步驟6時，剪掉餘線即可。

7-02-10
固定式9針無法再開合連接其他組件，需用單圈進行連接。

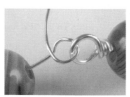

7-02-11
或製作時直接套入其他組件，再做固定式9針。

01-圓珠作法

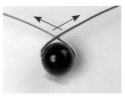

8-01-1
線材穿入珠子，並交叉。

8-01-2
其中一線沿著珠子外緣繞一圈。

8-01-3
在兩線交叉處旋轉兩次麻花。

8-01-4
剪掉其中一線。

8-01-5
另一線做固定式9針即完成。

8-01-6
若不做包邊，則在步驟1時，即轉兩次麻花。

8-01-7
做固定式9針即完成。

基本技法

02-直洞珠作法

<款式一>

8-02-1
取線先做一螺旋。

8-02-2
穿入珠子。

8-02-3
線彎90度。

8-02-4
做一個固定式9針即完成。

<款式二>

8-02-5
取線穿入珠子。

8-02-6
拉起一邊的線做造型設計。

8-02-7
繞兩圈固定。

8-02-8
另一邊的線做一個固定式9針，餘線不要剪掉，可做一螺旋裝飾於上。

<款式三>

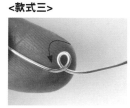

8-02-9
用指腹先轉一小圓。

8-02-10
再繞一大圓。

8-02-11
再繞一小圓，完成造型。

8-02-12
剪掉線。

8-02-13
穿入珠子。

8-02-14
做一個活動式9針（或固定式9針）即完成。

8-尾珠製作

03-横洞珠作法

<款式一>

8-03-1
線材穿入珠子，並交叉。

8-03-2
兩線交叉處轉兩次麻花，並剪掉其中一線。

8-03-3
另一線做固定式9針。

8-03-4
餘線不要剪掉，做一螺旋裝飾即完成。

<款式二>

8-03-5
線材穿入珠子，並交叉。

8-03-6
兩線交叉處轉兩次麻花，並剪掉其中一線。

8-03-7
另一線做固定式9針。

8-03-8
餘線不要剪掉，繼續往下盤旋纏繞在水滴珠上，最後收一小圓即完成。

9-圓珠小花製作

<款式一>

短邊

9-1
<款式一>取一線穿入珠子，短邊至少留5~6公分，長邊折彎到珠子之後。

9-2
拉起長邊線固定短邊一圈。

9-3
長邊穿入第二顆珠子，再將線折彎到珠子之後。

9-4
拉起長邊線固定珠子一圈。

9-5
重複上述動作3~4，直到做完五顆珠。

9-6
將長邊線從第一和第二顆珠中間拉起。

基本技法

9-7
穿入花心珠子。

9-8
再將長邊線拉到背後，與短邊線交叉轉兩次麻花固定。

9-9
完成不包邊的圓珠小花。

<款式二>

9-10
取一線穿入珠子，短邊至少留5~6公分，拉長邊繞珠子一圈。

9-11
並固定短邊線一圈。

9-12
第二至五顆珠子步驟同10~11做法。

9-13
完成包邊的圓珠小花。

10-加珠固定方式

10-1
小花做好後，兩邊線要拉直。

10-2
像插髮簪的方式，穿入要固定的底座上。

10-3
兩線各固定在支架上三至四圈，剪掉餘線即可。

10-4
單顆珠子固定方式。

10-5
同步驟2。

10-6
完成。

11-耳勾製作

01-勾式

11-01-1
取線材（20G或22G）後用工具先繞一圓弧。

11-01-2
其中一邊折彎90度。

11-01-3
大小可以參考現成的耳勾，再依個人所需做調整。

11-01-4
可穿入珠子裝飾。

11-01-5
尾端做一小圓，另一邊在適當長度處，剪掉餘線即可。

11-耳勾製作

02-夾式

11-02-1
取線（18G或20G）穿入珠子，上端留一短邊（可讓下一步驟轉圈時，手指有支撐處較不會痛）。

11-02-2
另一端長邊繞珠子一圈。

11-02-3
斜口鉗靠著珠子，將短邊剪去。

11-02-4
將線圈推正，可蓋住洞口。

11-02-5
長邊彎一圓弧繞到背後（圓弧大小依個人耳垂厚度調整）。

11-02-6
彎90度角。

11-02-7
做一螺旋。

11-02-8
完成。

基本技法

12-扣頭製作	12-扣頭製作

01-S勾	02-問號勾

12-01-1
取線材（18G或20G），用工具先繞一圓弧。

12-02-1
取線材（18G或20G），用工具先繞一圓弧。

12-01-2
另一邊同前做法，呈一個8字型。

12-02-2
其中一端轉一小圈，剪掉餘線。

12-01-3
兩端各轉一小圈，剪掉餘線即可。

12-02-3
另一端轉一較大的圓，作為連結用。

12-01-4
連結方式。

12-02-4
連結方式。

12-扣頭製作
03-OT扣

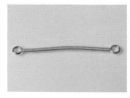

12-03-1
取線材（18G或20G）穿入彈簧圈，左右各做一個圓。

12-03-2
取工具繞圓。

12-03-3
左右兩個圓要剛好對齊。

12-03-4
取一線（18G或20G）左右各做一個圓，中間長度不可小於上圖圓的直徑。

12-03-5
取22G線捲圈。

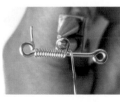

12-03-6
在中間用圓嘴鉗做一小圓。

12-03-7
再繼續捲圈繞滿。

12-03-8
完成。

12-03-9
連結方式。

編註：OT扣是一種手鏈扣，手鏈一端是一根小棍子，另一端是一個圓圈，扣手鏈時，把小棍子塞進圓圈再橫過來放，就可以固定住了。

基本技法

01-兩條支架

<款式一>

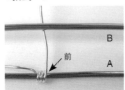
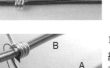

13-01-1
取線固定三圈在A支架上（固定圈數可隨個人喜好），此時線在A支架的前方。

13-01-2
線往上拉，並推到B支架的後方，再固定三圈。

13-01-3
同步驟2，線繼續往下拉到A的後方，再固定三圈。

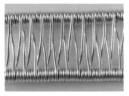

13-01-4
重複步驟，從側面看會如同8字型般排列。

13-01-5
編繞時要維持緊密度，會更美觀。

<款式二>

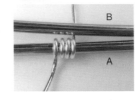

13-01-6
取線固定三圈在A支架上（圈數可隨個人喜好），並推到B支架的後方。

13-01-7
A、B兩支架一起纏繞三圈。

13-01-8
重複步驟，編繞時要注意緊密度。

13-編結方式

02-三條含三條以上支架

<款式一>

13-02-1
取線固定三圈在A支架上（請注意此款繞圈方向，需從頭到尾都一致）

13-02-2
以相同的繞圈方向繞B支架一圈。

13-02-3
繞C支架一圈。

13-02-4
繞回B支架一圈。

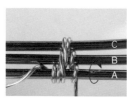

13-02-5
繞回A支架一圈。

13-02-6
重複步驟2~5（編結的支架順序為A-B-C-B-A-B-C-B-A……，以此類推）。

13-02-7
編繞時要注意緊密度。

<款式二>

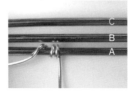

13-02-8
取線先固定A支架兩圈。

13-02-9
再一起包住A+B支架兩圈。

13-02-10
再一起包住B+C支架兩圈，並繼續重複步驟9~10。

13-02-11
編繞時要注意緊密度。

翡翠花漾.項鍊

準備材料
- 金屬圓線18G、24G、26G
- 孔雀石4mm圓珠
- 貝殼雕刻花10mm

01 取18G線約25cm於中心位置對折一半。

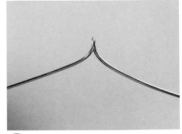

02 將線由兩側拉開,注意頂部要維持尖形。

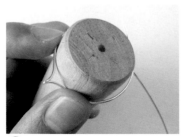

03 用戒圍棒輔助繞圓。

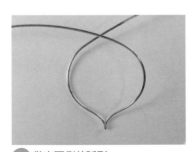

04 做出兩側的弧形。

05 將其中一線輕輕往下拉。

06 在適當的位置再反折向上,做出半邊的心型。

07 另一線輕往下拉,做出另一半心型。

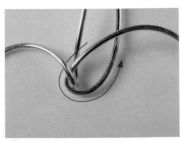

08 將兩線互扣一圈固定。

09 並調整好整個心型的形狀。

10 繞緊一圈以固定。

11 並做一個圓圈。

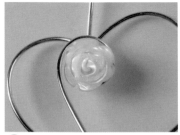
12 此圓圈大小要符合貝殼雕刻花的尺寸。

13 繞一圈之後便可將餘線剪去。

14 剩下的另一條線用工具繞圈,做墜頭部分。

15 調整好適當大小,便可將餘線剪去。

16 完成主要的心型外框。

17 另取24G線約60cm共兩條,先固定外框支架兩圈,開始做造型。

18 先繞一小圓,兩線需平行,盡量不要上下交疊(建議線條造型的範圍不要過大)。

19 每做一個流線造型,皆要固定外框支架一圈。

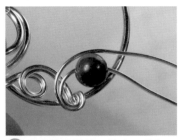
20 繼續轉造型線,其中一線加入4mm小珠。

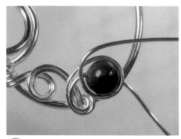  

㉑ 另一線用來繞珠子包邊一圈。

㉒ 兩線平行後,再固定外框支架一圈。

㉓ 如此重複18~22步驟繼續往下轉。

㉔ 重複步驟18~22。轉圈和加珠可自由設計。

㉕ 重複步驟18~22。

㉖ 重複步驟18~22。

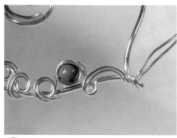  

㉗ 重複步驟18~22。

㉘ 重複步驟18~22。

㉙ 重複步驟18~22。

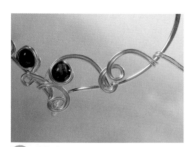  

㉚ 重複步驟18~22。

㉛ 重複步驟18~22。

㉛ 重複步驟18~22。

㉝ 重複步驟18~22。

㉞ 重複步驟18~22。

㉟ 重複步驟18~22，將心型外框繞滿一圈後，使線繞回到頂部。

㊱ 將線從背面拉跨過中間圓圈的位置。

㊲ 回到起始的原點。

㊳ 再繼續編繞第二層的流線造型。

㊴ 第二層的造型線可以拉大一些。

㊵ 並且一樣要固定外框支架一圈。

㊶ 重複步驟38~40。

42 重複步驟38~40。

43 重複步驟38~40，最後在合適的位置固定收尾，剪去餘線即可。

44 完成心型框架的內部設計。

45 取一段26G線穿過貝殼花。

46 將貝殼花固定於上（加珠固定做法請參考基本技法P.32）。

47 可自行設計鍊條，串上即完成。

海水正藍.項鍊

準備材料
- 金屬圓線20G、26G、28G
- 海藍寶6mm/3mm圓珠
- 拓帕石2mm珠/水滴珠

01 取20G線約35cm，先將6mm圓珠串入（線後面可轉個小圈，以防珠子掉落）。

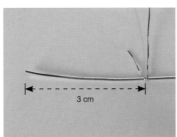

02 另取26G線約200cm，在3cm處先轉兩圈固定。

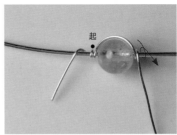

03 推進第一顆圓珠，26G線沿著圓珠邊緣繞半圈，再固定20G線一圈。

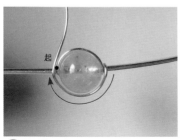

04 再沿著圓珠邊緣繞半圈，回到起始端（此時再將起始端的26G線頭剪掉）。

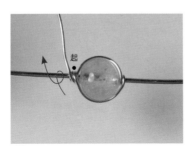

05 然後再固定20G線一圈。

06 重複步驟3～5，繼續繞第二圈。

07 在20G線上繞一圈固定。

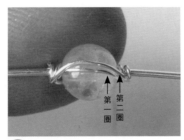

08 從側面看。

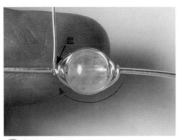

09 26G線再繞回起始端固定一圈。

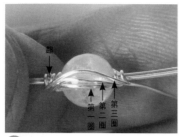

10 重複動作。

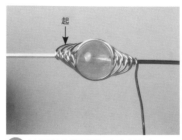

11 以此順序做到第五圈時停止。

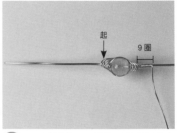

12 26G線沿著20G線繞9圈（每顆珠中間都要隔9圈）。

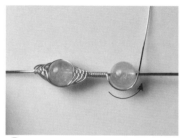

13 推進第二顆圓珠，作法同第一顆。

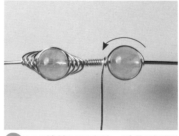

14 26G線繞回固定時，重疊到剛剛的9圈距離上面。

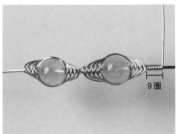

15 每顆圓珠做完都要繞9圈，再繼續做下一顆。

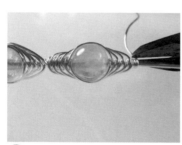

16 最後第8顆珠做完後，繞三圈固定，並將餘線剪掉。

17 完成8顆珠的編織。

18 從中間彎一個角度。

19 兩側也各彎一個角度。

20 在交叉處將短邊直立。

21 用長邊線去固定短邊一圈。

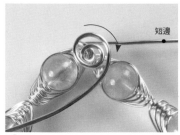

㉒ 可先將短邊線彎下，比較不會滑動，長邊線則做一螺旋。

㉓ 用工具繞一水滴狀圓弧。

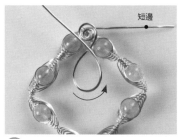

㉔ 圓弧的大小適合放入水滴珠即可。

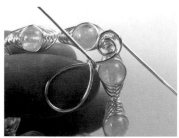

㉕ 在交叉處繞一圈固定。

㉖ 繼續繞出水滴外框。

㉗ 大小框的中間距離，要能放得下2mm的小珠。

㉘ 外框在交叉處固定一圈。

㉙ 並做一個螺旋可以剛好蓋住大小框的固定圈。

㉚ 將線穿到後面。

㉛ 往上提。

㉜ 再固定短邊線兩圈。

㉝ 將餘線剪掉，切口壓平。

 34 完成主要框型。

 35 短邊線繞一個圈作為鏈條的墜頭，剪掉餘線即可。

 36 取28G線約80cm。

 37 從外框開始先固定兩圈，並穿入3mm小珠。

 38 再固定兩圈……，以此類推。

 39 將小珠串滿外圈之後，28G線拉到內框。

 40 固定內框兩圈。

 41 再如外框串珠的方式，將內框串滿2mm的小珠。

 42 完成後固定三圈，剪去餘線。

 43 最初繞珠的線頭也要剪掉。

 44 另取一段28G線串入水滴珠，並固定即可。

 45 完成。

海水正藍.戒指

準備材料

● 金屬圓線20G、26G、28G
● 海藍寶6mm圓珠

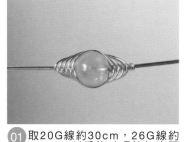

01 取20G線約30cm，26G線約25cm，以重複〈項鍊〉步驟3~11的方式，在20G線中心位置，編織一顆6mm的圓珠。

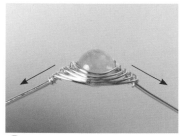

02 以珠子為正中心點，兩側稍微向下壓一些角度。

03 將兩側的20G線輕彎出圓弧線（步驟2~3可以讓下一個步驟套入戒圍棒時，較不容易歪斜）。

04 套入戒圍棒，戒圍需先大一號，例如原本的戒圍是#10，此處就要先放在#11的位置再開始做（因為後面編結的線距會使戒圍縮小，所以此處須先放大一號）。

05 20G線兩側拉起，各繞戒圍棒一圈。

06 側視戒圍部分共有三圈。

07 俯視戒圍。

08 從戒圍棒取下，可先用紙膠帶固定。

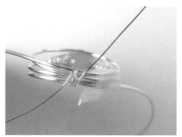

09 取28G線約200cm先對折，從戒圍的底部正中心點位置，先繞3圈固定。

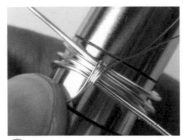  

10 再套回戒圍棒拉緊20G線，以確保戒圍尺寸正確。

11 拉20G線用手轉一小圓。

12 剪掉20G餘線。

 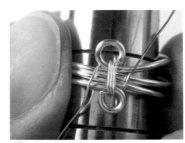 

13 此小圓越小越好，戴起來較不卡手。

14 另一邊的20G亦相同做出一小圓。

15 從戒圍棒取下，開始編織戒圍的部分。

16 編結方式請參考基本技法P.37。

17 一直編滿整個戒台為止。

18 剩下的28G再繼續將20G線繞滿。

19 剪掉28G餘線即可。

20 完成。

海水正藍.耳環

準備材料

● 金屬圓線20G、26G
● 海藍寶6mm/4mm圓珠
● 耳勾

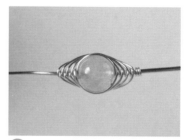

01 同〈戒指〉步驟1做法，請參考基本技法P.47。

02 用手先將20G線推出弧度。

03 兩側要對稱。

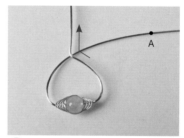

04 先將其中一線立起。

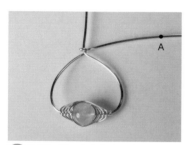

05 再用A線固定立起的線兩圈。

06 拉起A線來做造型。

07 繞出適當的弧度。

08 固定外框一圈。

09 做個小圓，剪去餘線。

10 另一線也拉起做造型。

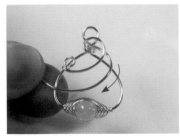

⑪ 繞出適當的弧度。

⑫ 最後做個小圓，剪去餘線。

⑬ 取26G線穿入4mm小珠。

⑭ 放入裝飾的位置。

⑮ 固定即可。

⑯ 4mm 小珠可做活動式9針（請參考基本技法P.28），穿上耳勾及裝飾珠即完成。

珠落玉盤.手環

準備材料
● 金屬方線18G、半圓線21G、
● 圓線24G
● 蛋黃石6mm圓珠
● 彈簧圈（26G圓線製）

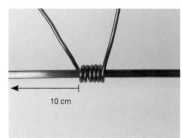

10 cm

01 取18G方線約30cm，26G圓線約
150cm。在18G方線約10cm位
置，用24G線先繞4~5圈。

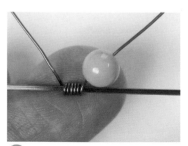

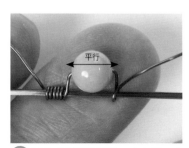

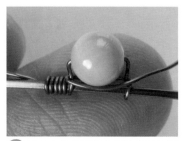

02 取6mm圓珠穿入24G線。

03 圓珠必須放正平行18G方線，才
不會看到珠子的洞口。

平行

04 用24G線由下往上纏繞珠子的周
圍四圈。

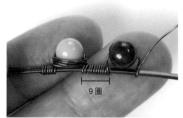

05 每一圈需並行，勿重疊在一起。

06 24G線再繼續固定在18G方線
上。

07 每顆珠中間的距離是24G線繞9
圈（這個距離是預留要加入彈簧
圈的位置）。

9 圈

08 重複步驟2~7，將圓珠都編繞完成。

09 此手環總共要做三條半成品，依順序是7顆、8顆、7顆（可依個人手圍尺寸調整圓珠顆數）。三條半成品的置放方式是交錯排列的（如圖示）。

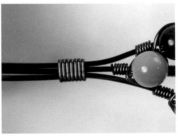

10 將三條半成品的一側併攏靠齊。

11 取21G半圓線約10cm，將三條方線固定（注意半圓線的平面部分是朝內，半圓部分朝外）。

12 半圓線約繞6~7圈，剪去餘線即可。

13 另一邊也用半圓線固定。

14 三排珠的間距可以稍微拉開一些（圖示斜線部分是要加入彈簧圈的位置）。

15 另取24G約120cm，在18G方線上先繞三圈固定。

16 放入一段適合長度的彈簧圈，並繞18G方線（如圖示固定點）一圈以固定（彈簧圈製作請參考基本技法P.26）。

17 24G線從背後往下拉。

18 再繞一圈固定。

(19) 再放入彈簧圈。

(20) 如此重複加入彈簧圈的步驟、直到做完<右斜方向>的彈簧圈。

(21) 繼續加入<左斜方向>的彈簧圈。

(22) 固定的地方可與<右斜方向>的固定點重疊。

(23) 重複上述步驟、直到做完<左斜方向>的彈簧圈。

(24) 完成後剪去餘線即可。

(25) 製作手環兩端的造型設計。

(26) 拉中間線用手推一圓弧，並將線從後方繞到前面來，以加強固定。

(27) 轉一小圓收尾，剪去餘線。

(28) 拉左邊線用手推一圓弧。

(29) 在適當位置轉一小圓收尾，剪去餘線。

(30) 同前，再做最後一條線的造型。

㉛ 可自行變化繞線造型。

㉜ 另一端造型做法同步驟25~31，
即可完成。

㉝ 取一大小合適的圓柱物，繞出手
環的圓弧度。

㉞ 再略微調整以適合手腕。

㉟ 最後串接單圈延長鏈和扣頭，即
完成。

凡爾賽之舞.項鍊

準備材料
● 金屬圓線20G、22G、24G、26G
● 綠松石 4mm圓珠
● 天河石 20*14mm水滴珠
● 彈簧圈、麻花線

01 麻花線（26G線製）約20cm兩條，24G線約20cm兩條，分成兩組交叉置放。

02 將兩組線做麻花辮編織。

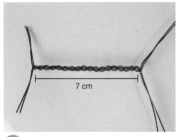

03 此件編織長度約7cm。頭尾約留6～7cm（麻花辮製作請參考基本技法P.28）。

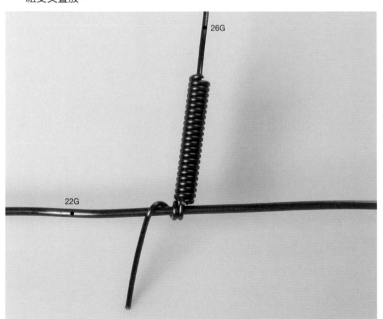

26G

22G

04 另取22G線約20cm，26G線約30cm。將26G線先繞兩圈固定在22G線上，並將彈簧圈約0.7cm套入26G線中（彈簧圈製作請參考基本技法P.26）。

05 用工具將彈簧圈先繞彎一圓弧。

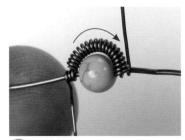

06 取4mm圓珠穿入22G線中，並將26G線順著珠子的外緣繞半圈，再繞兩圈固定在22G線上。

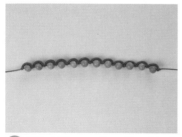  

07 重複步驟4~5，將12顆圓珠都完成。

08 另取20G線約20cm，穿入水滴珠中，水滴珠放置在線的中心位置。

09 20G兩線交叉，用手旋轉四次麻花，作為水滴珠的支架。

4圈麻花

10 另取22G線約10cm，穿入彈簧圈約4.7cm，順著水滴珠的外型繞一圈。

11 並將24G線固定在水滴珠的麻花線支架上，剪去餘線即可。

12 將已做好的麻花辮用手推水滴型圓弧，大小要剛好符合上一步驟的外框。

13 左右各拉兩條線繞一圈，在水滴珠的支架上固定。

14 已做好的珠串也如同麻花辮的做法，左右各繞一圈在水滴珠的支架上固定。

15 拉出水滴珠支架的兩條20G線。

水滴珠支架

  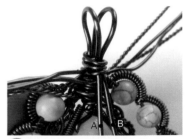

16 用工具繞圓，做出墜頭部分。

17 隨意拉起旁邊的一條線，繞墜頭二至三圈固定，剪去餘線。

18 製作墜頭的兩條20G線（A、B），可分做螺旋放置在墜子的前後位置。

A   B

⑲ A、B螺旋（如圖示）。

⑳ 墜頭做完後，再處理旁邊的其他線條。

㉑ 拉起兩條麻花線，用手再捲麻花，合併為一條麻花線。

㉒ 做一螺旋置於墜飾正面。

㉓ 其餘的線條若覺得太多，可以先修剪掉，剪線的切口要壓緊並藏好。

㉔ 留下的線可自行設計小圓或螺旋，裝飾於墜頭。

  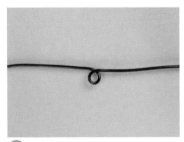

㉕ 注意線的粗細（軟硬度），造型拉線勿做得太長。

㉖ 完成墜頭。

㉗ <鏈條的造型製作>
取20G線約15cm，於中心位置先轉個小圓。

㉘ 另取26G線約15cm，先固定三至四圈於20G的線上（如圖示）。

㉙ 參考步驟3~5，將左右兩邊各兩顆4mm的圓珠搭配彈簧圈做好。

㉚ 兩側彎平行，使20G線交叉。

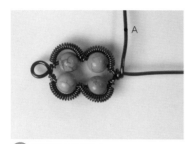 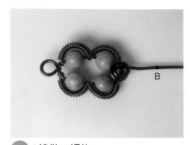 

31 兩條線互相固定。

32 A線做一螺旋。

33 B線做一小圓，當活動式9針（9 針做法請參考基本技法P.28）。

34 將各組件用單圈串接後即完成。

凡爾賽之舞.手鏈

準備材料
● 金屬圓線20G、26G
● 綠松石4mm圓珠/12mm扁圓珠
● 彈簧圈（26G圓線製）

01 取20G線約15cm，26G線約30cm。將26G線先繞兩圈固定在20G線上，並將彈簧圈約2cm套入26G線中（彈簧圈製作請參考基本技法P.26）。

02 用工具將彈簧圈先繞彎一圓弧。

03 扁圓珠穿入20G線中，並將26G線順著珠子的外緣繞半圈，再繞兩圈固定在20G線上。

04 另一半邊亦相同做法。

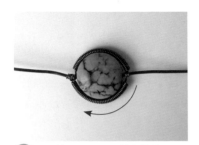

05 26G線固定兩圈後剪去餘線。

06 兩邊的20G線分別做固定式9針（請參考基本技法P.28）。

07 餘線做螺旋裝飾於兩側（螺旋做法請參考基本技法P.27）。

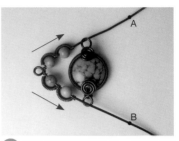

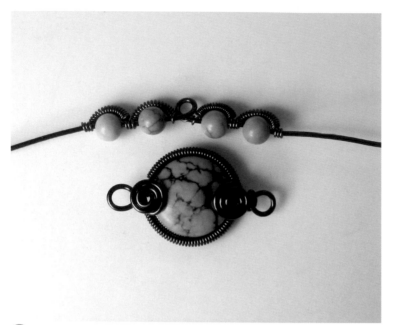

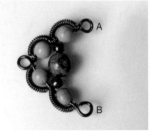

09 圓珠串兩側調整角度，要剛好符合扁珠的寬度。

08 四顆4mm圓珠串的做法，同〈項鍊〉步驟27~29（請參閱P.27）。

10 A、B兩端分別做個小圓。並取一段26G線，將中間的裝飾珠固定在A、B支架上（裝飾珠也有將圓珠串角度固定住的效果）。

11 另一側做法亦相同。

12 將各組件用單圈串接起來即完成。（扣頭請參考基本技法P.35）

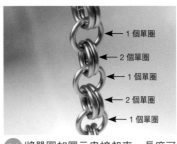

→ 1個單圈
→ 2個單圈
→ 1個單圈
→ 2個單圈
→ 1個單圈

01 將單圈如圖示串接起來，長度可隨個人喜好（長度約6cm）。

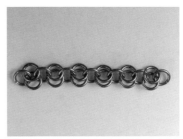

02 串好後平攤桌上，看的較清楚。

珍愛時光.項鍊

準備材料

● 金屬圓線18G、22G、26G
● 淡水珍珠5mm圓珠/12mm水滴珠
● 單圈（20G圓線製，直徑約3.5mm）

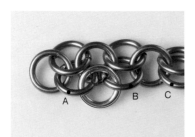

A   B   C

03 此處用不同顏色的單圈製作以方便說明，取一單圈扣住A和B，下一個單圈扣住B和C……，以此類推。

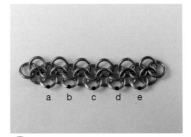

a b c d e

04 即可完成一排銀色的圈。下一排則是一單圈扣住A和B，下一個單圈扣住B和C……，以此類推。

05 即可再完成一排金色的圈。

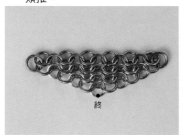

終

06 以相同做法往下串接，直到最後一排只有一個單圈時，就會形成一個三角形。

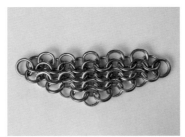

07 再以相同做法往上再做一排銀色圈（用來穿18G線的）。

08 取18G線約15cm，穿入最上面一排的銀色圈。

09 穿入時注意每個單圈要一上一下，才不會穿好後單圈不順。

10 18G在兩側做造型繞圈。

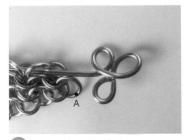

11 收尾後剪去18G餘線即可。

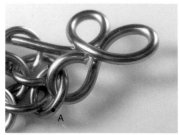

12 再將前圖所示之A單圈，扣住18G線。

13 另一側做法亦相同。

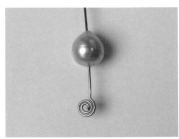

14 取22G線一段，先做一螺旋（請參考基本技法P.30）。

15 穿入水滴珠中。

16 再做固定式9針（請參考基本技法P.28）。

17 將水滴珠扣在最終一個單圈上，取5mm珍珠用26G線做小花（請參考基本技法P.31）。

18 固定於18G支架上，完成。

香草花園.項錬

準備材料
- 金屬圓線18G、24G、26G
- 綠色系天然石4mm/3mm/2mm圓珠

01 取18G線約50cm，在15cm處以平口鉗折彎。

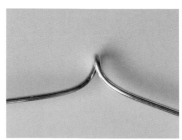

02 將兩側線拉平，注意頂端要維持尖型。

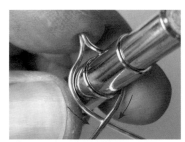

03 用工具將兩線拉弧形。

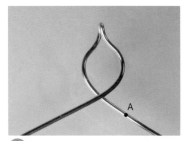

04 調整葉子的大小，A為短的一邊。

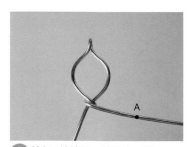

05 拉起A線繞另一線固定一圈。

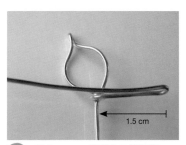

06 A線在1.5cm處以平口鉗折彎。

1.5 cm

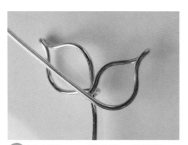

07 同步驟2~3，做出第二片葉型。

  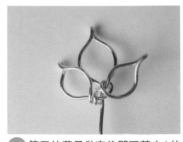

08 並繞一圈固定。

09 同前，再做第三片葉子。

10 第三片葉子做完後即可剪去A的餘線，只留下較長的一邊。

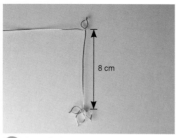  

8 cm

小

大

11 在距離約8cm處再做出三片葉子，同步驟2~10。

12 兩組葉型的尺寸要一大一小，在造型上會較美觀。

13 中間距離8cm的線段，先繞一個圓弧，並調整好兩組葉子的角度。

14 另一端的線也向下拉弧形，並調整好與8cm線段圓弧的距離。

15 完成花園支架。

16 調整好後固定一圈於葉子上（要拉緊），剪掉餘線。

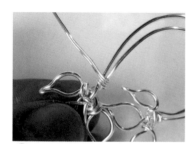  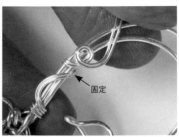

固定

17 取24G線約40cm共兩條，先固定於支架上一圈。

18 開始轉圈做造型，注意兩條線的平行（轉圈造型請參考基本技法P.27）。

19 每轉出一小段弧線，就要固定花園支架一圈。

20 同前。（可自行設計造型）

21 同前。

22 同前。

23 最後固定兩圈於支架上，剪掉餘線。

24 完成花園的線條設計。

25 依個人喜好在適當的位置加上小珠（加珠固定作法請參考基本技法P.32）。

26 26G線做數組小花，分別固定於支架上即可（小花作法請參考基本技法P.31）。

27 完成。

香草花園.戒指

準備材料

●金屬圓線20G、26G
●綠色系天然石4mm/3mm/2mm圓珠

01 取20G線約60cm，於中心位置先做兩片葉子。（葉子作法請參照P.63）

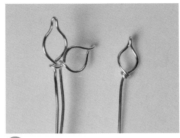

02 另取20G線約35cm，再做一片葉子。

03 將三片葉子調整好適當位置。

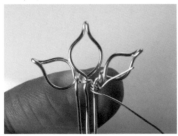

04 取26G線約80cm，先固定3圈在其中一條20G線上。

05 用編結的方式開始編繞（三支架編結方式請參考基本技法P.37）。

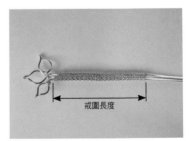

06 編織到所需的戒圍長度。

戒圍長度

07 放入戒圍棒繞一圈。

08 取出後開始做另一側的造型設計。

09 將其中一條線做一片葉子。

⑩ 轉一個螺旋。　　　　⑪ 做個小圓收尾，減去餘線。　　⑫ 再拉一條線做弧形。

⑬ 轉一小圓收尾，減去餘線。　⑭ 最後一條做個小水滴圈收尾，減　⑮ 完成。
　　　　　　　　　　　　　　　 去餘線。

⑯ 依個人喜好在適當的位置，加上小珠、小花即可。（加珠方式請參考基本技
　　法P.32）

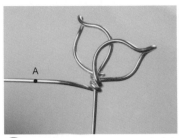

01 取20G線約25cm，於中心位置先做兩片葉子。

02 拉起A線轉一小圈。

香草花園.耳環

準備材料
- 金屬圓線20G、28G
- 綠色系天然石4mm/3mm/2mm圓珠

03 推弧形。

04 轉一小圓收尾，減去餘線。

05 另一條線拉出較大的弧形。

06 最後轉一小圓或螺旋收尾即可。

07 取28G線約70cm，用編結的方式開始編繞（兩支架編結方式請參考基本技法P.36）。

08 加上小珠做裝飾。

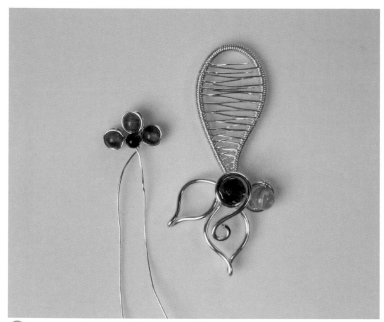

⑩ 完成。

⑨ 小花另外做好後，固定於支架上即可。

⑪ 最後再加上耳勾即可（耳勾做法
　　請參考基本技法P.33）。

羽翼飛翔.項鍊

準備材料
- 金屬圓線18G、22G、26G、28G
- 白水晶6mm/8mm圓珠
- 白水晶12mm水滴珠
- 金屬圓珠4mm圓珠
- 彈簧圈（26G圓線製）

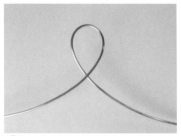

01 取18G線約30cm，在中心位置拉個水滴形。

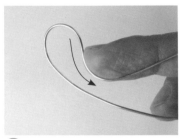

02 其中一線用手推的方式做出曲線。

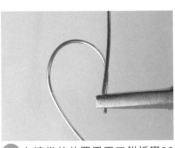

03 在適當的位置用平口鉗折彎90度。

04 順著曲線往上拉提。

05 再用手如圖示方向推出另一個小弧形。

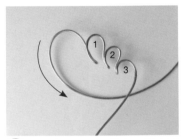

06 重複步驟3~5，做出三個小弧形，另一端線的弧形也要再調整一下，讓整體有翅膀的感覺。

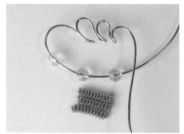

07 放入三顆6mm圓珠，並先做好三段彈簧圈（每段約1.5cm）（彈簧圈做法請參考基本技法P.26）。

08 取28G線約40cm，先固定兩圈在其中一條18G線上，並套入一段彈簧圈。

09 彈簧圈先用工具順圓弧。

 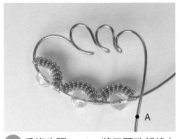 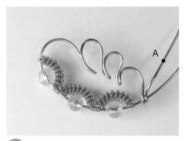

⑩ 再繞過圓珠，26G線固定在支架上四至五圈。

⑪ 重複步驟8~10，將三顆珠都繞上彈簧圈。

⑫ 拉A線固定一圈在另一線上，並剪去餘線。

⑬ 剩下的一條線拉起造型，先繞一圈。

⑭ 再轉一小螺旋。

⑮ 自由做流線造型將線拉到末端。

⑯ 在末端固定兩圈，並剪去餘線（圖示畫斜線的區域要做編結繞線）。

⑰ 取28G線約80cm，先固定兩圈在其中一條18G線上（兩條支架編結方式請參考基本技法P.36）。

⑱ 完成後，剪去28G餘線即可。

 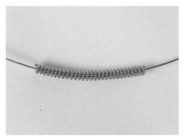 

⑲ 並在適當的位置加上4mm金屬珠。

⑳ 接下來做其他組件：＜一.水滴珠＞取22G線約10cm，在中心位置套入彈簧圈約4cm。

㉑ 彈簧圈先用工具順圓弧。

22 彈簧圈外形要符合水滴珠尺寸
（此水滴珠12mm）。

23 22G線捲兩次麻花固定。

24 剪掉其中一條，另一條做固定式
9針（9針做法請參考基本技法P.
28）。

25 餘線不要剪掉。

26 可做一螺旋裝飾於上。

27 取28線約10cm，穿入水滴珠。

28 左右各順著彈簧圈的旋轉方向繞
二至三圈固定即可。

30 用工具將彈簧圈先繞彎一圓弧。

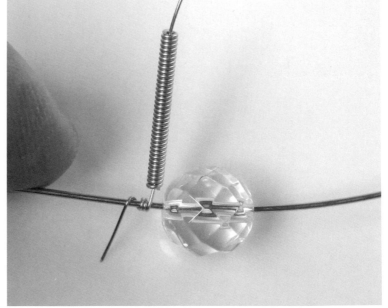

29 <8mm圓珠作法>。取22G線約15cm，26G線約10cm。將26G線先繞兩圈固
定在22G線上，並將彈簧圈約1.5cm套入26G線中。

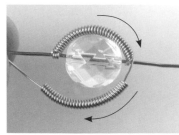 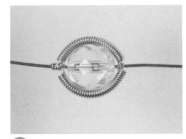 

㉛ 並將26G線順著珠子的外緣繞半圈，再繞兩圈固定在22G線上，另一半邊亦相同做法。

㉜ 26G線固定兩圈後剪去餘線。

㉝ 其中一端的22G拉起做一小圓。

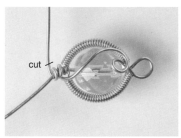  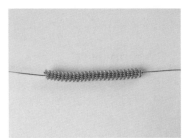

㉞ 並在珠面上轉小圓做造型，到另一端去固定兩圈後剪去餘線。

㉟ 剩下的線轉一小圓即可。

㊱ <環圈作法>，取26G線約10cm，在中心位置套入彈簧圈約5~6cm。

㊲ 用工具繞圓。

㊳ 26G線交叉處打個結。

㊴ 把結拉緊後，順著彈簧圈的旋轉方向，左右各繞二至三圈固定即可。

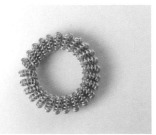 

㊵ 完成環圈。

㊶ 將各組件用單圈串接起來即可完成。

甜心天使.項鍊

準備材料

- 金屬圓線20G、24G、28G
- 心型橘瑪瑙
- 流蘇部分（橘瑪瑙4mm、3mm圓珠/10mm水滴珠）

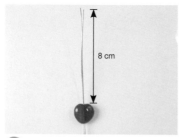

01 取20G線約30cm共兩條，穿入瑪瑙心型珠，放在約8cm處。

02 將兩線打開，於心型珠的上下位置皆扭轉兩次麻花以固定。

03 如圖示，完成後，稍後備用。

04 取24G線約20cm共兩條，轉一小圓。

05 注意兩線要平行。

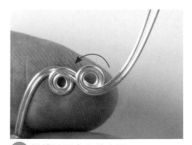

06 繼續以反方向繞小圓。

07 同前。

08 做到適合的長度，不可高過於心型珠。

09 將轉好的圓圈線稍微順個弧度，以符合心型珠的表面。

  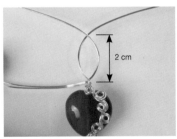

(10) 下方固定於20G線一圈。

(11) 上方也固定於20G線。

(12) 將上面的兩條20G線彎出馬眼形狀,高度約2cm。

 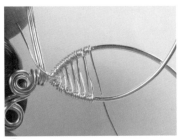 

(13) 取28G線約70cm,固定於20G線上三圈,開始做編結繞線(兩條支架編結方式請參考基本技法P.36)。

(14) 繞線時注意勿太過用力而破壞了馬眼狀。

(15) 將整個馬眼狀編滿。

(16) 最後在交叉位置繞三圈固定,剪掉28G餘線。

(17) 用工具在馬眼型一半的位置,用工具繞圓。

(18) 形成墜頭(如圖示)。

(19) 拉一條22G線固定墜頭三圈,剪掉餘線。

(20) 進行背面,拉一條20G線做螺旋。

(21) 裝飾於背面。

㉒ 剩下三條線，可自由做螺旋，變化造型來裝飾墜頭部分。

㉓ 完成上半部的製作。

㉔ 接下來開始做下半部的設計，先用手推一弧度。

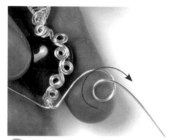

㉕ 在適當位置轉一小圓。

㉖ 在小圓一半的位置，用平口鉗折彎。

㉗ 繼續拉線的弧度。

㉘ 在適當位置用平口鉗折彎。

㉙ 繼續前面的做法，直到形成一個小翅膀造型。

㉚ 完成後繞一圈固定。

㉛ 另一側亦相同做法，做出對稱的翅膀。

㉜ 兩條20G線拉到背面交叉。

㉝ 再拉回前面，會使翅膀更加固定。

㉞ 拉一條線做螺旋。

㉟ 螺旋可稍大一些,剛好蓋住中間。

㊱ 轉一小圓收尾,剪去餘線。

㊲ 另一條線則繞背面,做一螺旋收尾即可。

㊳ 依序加入圓珠裝飾於翅膀上。

㊴ 以尾珠的製作方式加上細鏈條,做流蘇部分(尾珠做法請參考基本技法P.30)。

㊵ 打開剛剛收尾的小圈,將流蘇串入,再將小圈關合即可。

㊶ 完成。

甜心天使.耳環

準備材料

● 金屬圓線20G
● 橘瑪瑙10mm心型珠
● 流蘇部分（橘瑪瑙4mm、3mm圓珠/10mm水滴珠）

01 取20G線約20cm，在約一半的位置做固定式9針。

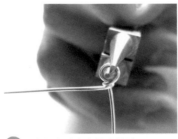

02 9針做法請參考基本技法P.28。

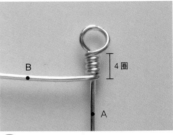

03 固定繞圈約要四圈，需預留位置給其他線固定用。

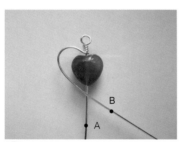

04 10mm心型珠穿入A線，B線先拉弧形。

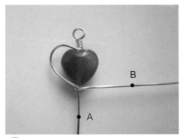

05 並固定一圈於A線上。

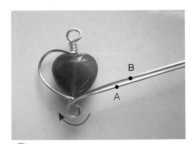

06 A線繞一小圓與B線平行。

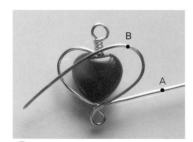

07 B線拉出弧形。

08 並固定於珠子上一圈，剪去餘線。

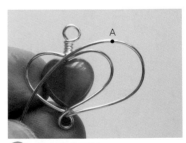

09 A線也順成圓弧。

⑩ 並固定於珠子上一圈。

⑪ 餘線做個螺旋裝飾於珠子上。

⑫ 做好的尾珠用單圈串起。

⑬ 再接另一單圈,再串入其他尾珠,數量可依個人喜好。

⑭ 全部串接起來,並加上耳勾即完成(耳勾做法請參考基本技法P.33)。

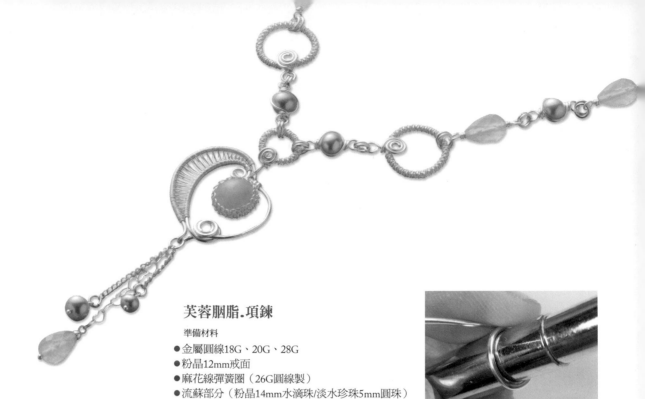

芙蓉胭脂.項鍊

準備材料
● 金屬圓線18G、20G、28G
● 粉晶12mm戒面
● 麻花線彈簧圈（26G圓線製）
● 流蘇部分（粉晶14mm水滴珠/淡水珍珠5mm圓珠）

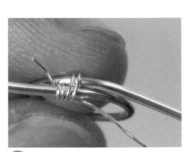

01 取18G線約20cm，在約5cm處先用工具繞個圓。

02 圓的大小需剛好在戒面的內緣，不可超出戒面。

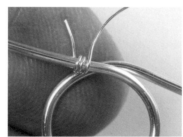

03 取28G線約60cm，先固定在左邊的支線上三圈。

04 再繞18G線交叉處兩圈。

05 再固定在右方該圓的支線上。

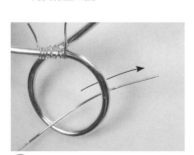

06 開始編網子，將28G線從圓內穿入。

07 再從28G線形成的圈內將線拉出（如圖），形成第一個網目。

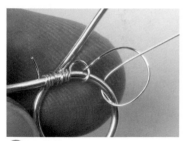

08 重複步驟6~7。

09 做出第二個網目。

10 若網目大小不一時，可用錐子使網目的大小較平均。

11 使用錐子進行調整。

12 繼續重複步驟6~7，直到18G線的交叉處（A為18G短邊）。

13 先將A線拉起做個螺旋，置在圓圈內。

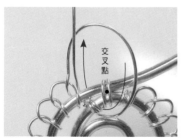

14 28G線再繼續編網子，並且要繞過18G線的交叉點。

15 直到編滿第一層網子。

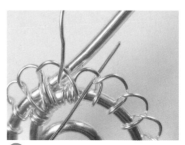

16 並穿入最初的第一個網目，準備開始編第二層。

17 可參考圖式。

18 將粉晶戒面放入，第一層的網子用手推立起來，包住戒面。

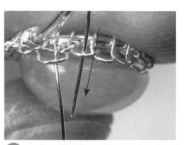

19 從第二層開始，編網目的方向要由外向內穿線（如圖）。

20 拉線時要盡量貼著戒面拉緊。

21 控制拉線的力道，使網目大小均等（但此時不適合再使用錐子輔助）。

22 重複步驟19~21，直到包緊戒面。

23 此粉晶戒面共編了三層（層數可依寶石厚度增減）。

24 將28G線穿到底部。

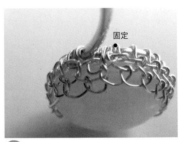

25 固定2圈在18G支架線上，剪去餘線即可。

26 進行背面。

27 18G線開始做造型。

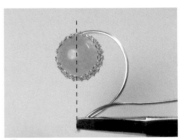

28 目測粉晶中心線的位置，用平口鉗將線折彎。

29 再繼續拉出心型另一半的弧形。

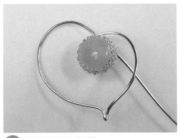

30 調整好愛心形狀。

31 在粉晶頂端繞兩圈固定。

32 剪去餘線，完成愛心外框。

33 另取18線約15cm，先做一個螺旋，並條整曲線，以符合愛心外框。

34 另一端也做個螺旋，順便扣住愛心的外框線。

 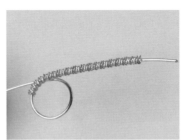 

35 取28G線約70cm，做編結繞線（兩條支架編結方式請參考基本技法P.36）。

36 另取20G線約10cm，先用工具繞個圓。

37 穿入以麻花線做成的約3.5cm彈簧圈（麻花線彈簧圈做法請參考基本技法P.26）。

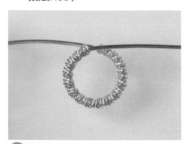  

38 調整好位置與大小。

39 兩線互相固定。

40 一線轉螺旋裝飾於上。

41 另一線則做一小圓，當作活動式9針。

42 將小圈打開，扣住粉晶墜。

43 串上流蘇與鏈條，即完成。

01 取20G線約30cm，在中心位置先用工具繞個圓。取28G線約60cm，並參考項鍊步驟2~12，完成第一層的網子。（P.80~81）

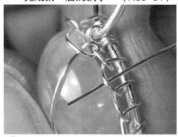

02 放入粉晶戒面，開始做第二層網子。

03 拉線時要盡量貼著戒面拉緊。

芙蓉胭脂.手鏈

準備材料
● 金屬圓線18G、22G、26G、28G
● 粉晶12mm戒面
● 粉晶8mm水滴珠
● 淡水珍珠8mm/6mm圓珠
● 麻花線彈簧圈（28G圓線製）

04 請參考項鍊篇做法步驟19~25，直到粉晶固定。（P.81~82）

05 20G線互扭兩次麻花，作為粉晶的支架。

06 另取22線約10cm穿入麻花線彈簧圈約3.5cm，用工具繞圓。

07 包在粉晶的外框，調整好大小。

08 兩邊的22G線各自固定在粉晶的支架上一圈。

09 一線做螺旋，另剪去餘線即可。

10 拉兩側的20G線做對稱造型。　　11 並套入適當大小的彈簧圈。　　12 請參見圖示。

13 兩條20G線互扣。　　14 拉緊。　　15 其中一線做螺旋。

16 另一線則往下拉，固定粉晶的支架一圈，剪去餘線即可。　　17 完成主墜飾。　　18 另取26G線一段，先固定粉晶頂端兩圈。

19 左右各穿入裝飾珠，固定後剪去餘線。　　20 其餘的零組件部分都先做好固定式9針，並用單圈串接起來（固定式9針請參考基本技法P.28）。　　21 依個人手圍調整長度加上扣頭，即完成。

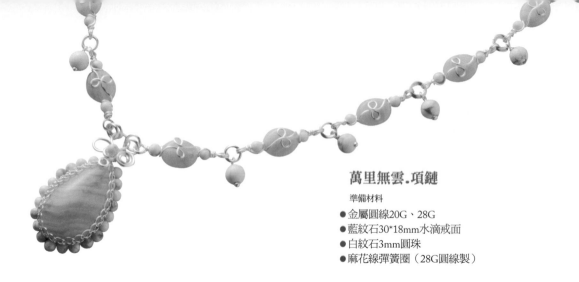

萬里無雲.項鏈

準備材料
● 金屬圓線20G、28G
● 藍紋石30*18mm水滴戒面
● 白紋石3mm圓珠
● 麻花線彈簧圈（28G圓線製）

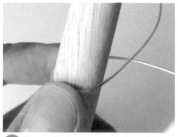

01 取20G線約40cm，在中心位置先用工具繞一圓弧。

02 調整大小以符合水滴戒面的內緣，不可超出。

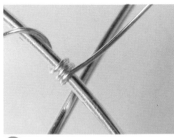

03 取28G線約120cm，先固定在左邊的支線上三圈。

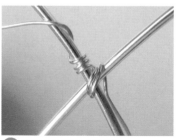

04 繞20G線交叉處兩圈。

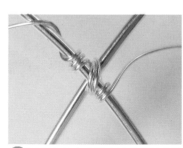

05 再固定在右方該水滴外框的支線上。

06 開始編網子，將28G線從水滴框穿入。

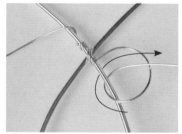

07 再從28G線形成的圓圈內將線拉出。

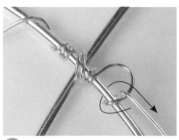

08 拉緊（如圖），形成第一個網目。

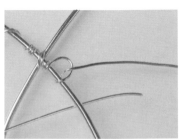

09 重複步驟6~7，做出第二個網目。

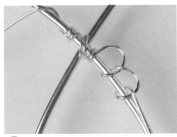

(10) 拉緊（如圖）。

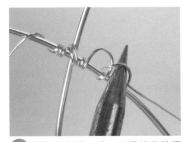

(11) 網目大小不一時，可用錐子使網目的大小較平均。

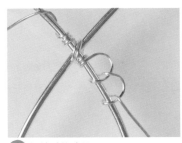

(12) 繼續重複步驟6~8。

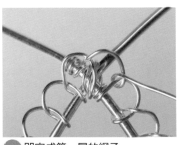

(13) 編到20G支架交叉點之前，先確認一下外框大小。

(14) 28G線再繼續繞過20G線的交叉點，再做下一個網目。

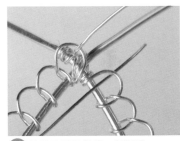

(15) 並穿入最初的第一個網目。

(16) 即完成第一層的網子。

(17) 將水滴戒面放入，第一層的網子用手推立起來，包住戒面。

(18) 從第二層開始，編網目的方向要由外向內穿（如圖）。

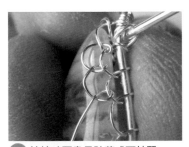

(19) 拉線時要盡量貼著戒面拉緊。

(20) 重複步驟18~19，直到包緊戒面。

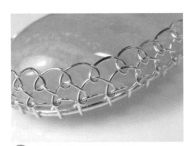

(21) 此水滴戒面共編了三層。

(22) 將28G線穿到底部。

(23) 固定兩圈在20G支架線上。

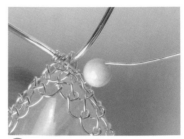
(24) 穿入3mm珠子。

(25) 固定支架兩圈。

(26) 直到繞滿外框，剪去28G餘線即可。

(27) 頂端20G線扭兩次麻花，再開始做墜頭的造型。

(28) 右側線先做8字型，並繞到後方去。

(29) 左側線繞一圓並固定一圈於麻花線上。

(30) 餘線則捲螺旋或做小圓收尾，並剪去餘線即可。

(31) 最後加上裝飾的小珠即完成。

萬里無雲.戒指

準備材料

● 金屬圓線20G、28G
● 藍紋石20*15mm戒面
● 麻花線彈簧圈（28G圓線製）

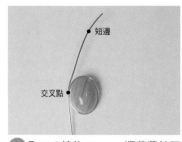

01 取20G線約25cm，順著藍紋石戒面繞一圈，線的交叉點在左上角，短邊留約5cm置於上方。

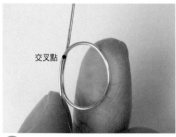

02 將外框圓再推小一些。

03 不可超出戒面。

04 取彈簧圈約16cm，穿入20G線中（彈簧圈做法請參考基本技法P.26）。彈簧圈的長度，依每個人的戒圍不同，最後再調整。

05 推入彈簧圈不可超過20G線的交叉點。

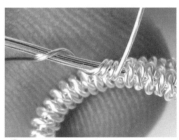

06 取28G線約120cm，先固定在左邊的支線上三圈。

07 再繞20G線交叉處兩圈。

08 再固定在右方該水滴外框的支線上。

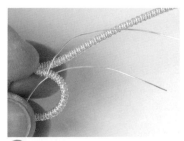

09 開始編網子，將28G線從水滴穿入。

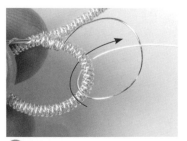

10 再從28G線形成的圓圈內，將線拉出。

11 拉緊（如圖），形成第1個網目。

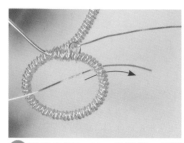

12 重複步驟9~11，做出第二個網目。

13 網目大小不一時，以錐子調整網目的大小。

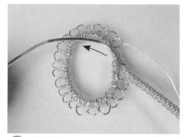

14 重複步驟9~11，直到20G線的交叉處，先將沒有彈簧圈的線拉向圓圈內部。

15 再繼續編網目。

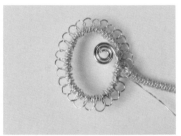

16 20G線做一螺旋（不可太大），剪去餘線。

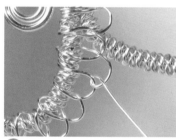

17 28G線繼續穿入最初的第一個網目，即完成第一層的網子。

18 將戒面放入，第一層的網子用手推立起來，包住戒面。

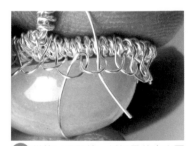

19 從第二層開始，編網目的方向要由外向內穿（如圖）。

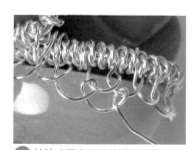

20 拉線時要盡量貼著戒面拉緊。

21 重複步驟19~20，直到包緊戒面（此戒面共編了三層）。

22 將28G線穿到底部。

 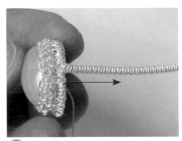 

23 固定兩圈在底部支架線上（28G 線先不要剪掉）。

24 將要做戒圈的彈簧圈線拉直。

25 依各人戒圍放在戒圍棒上。

26 繞兩圈。此時若彈簧圈過長，超出了戒面寬度，須先用斜口鉗將多餘的彈簧圈修剪掉。注意不要剪斷了中間的20G線。

27 調整好戒圍大小後，將20G線繞過戒圈暫固定住戒圍。

28 退出戒圍棒後再繞兩圈固定。

29 餘線捲一螺旋裝飾即可。

30 剩下的28G線在戒面的背後，還可以加強固定兩側的戒圍彈簧圈。

31 固定後剪掉28G餘線即可。

32 完成。

33 依個人喜好加入珠花，即完成戒指。

國家圖書館出版品預行編目 (CIP) 資料

金屬線飾品造型設計 / Mia 著 . -- 初版 . -- 臺北市：
　商周出版：家庭傳媒城邦分公司發行 , 2012.05
　面；　公分
　ISBN 978-986-272-168-1(平裝)

1. 金屬工藝 2. 手工藝 3. 裝飾品

968.5　　　　　　　　　　　　　　101007811

金屬線飾品造型設計

作　　者	Mia 米亞 (洪碧彗)
企劃選書	蔣豐雯
責任編輯	徐藍萍
特約編輯	林香婷

版　　權	黃淑敏、翁靜如
行銷業務	王　瑜、闕睿甫
總 編 輯	徐藍萍
總 經 理	彭之琬
發 行 人	何飛鵬
法律顧問	元禾法律事務所王子文律師
出　　版	商周出版
	台北市 104 民生東路二段 141 號 9 樓
	電話：(02) 25007008　傳真：(02)25007759
	E-mail：bwp.service@cite.com.tw
	Blog：http://bwp25007008.pixnet.net/blog
發　　行	英屬蓋曼群島商家庭傳媒股份有限公司城邦分公司
	台北市中山區民生東路二段 141 號 2 樓
	書虫客服服務專線：02-25007718、02-25007719
	24 小時傳真服務：02-25001990、02-25001991
	服務時間：週一至週五 9：30-12：00；13：30-17：00
	劃撥帳號：19863813；戶名：書虫股份有限公司
	讀者服務信箱 E-mail：service@readingclub.com.tw
香港發行所	城邦（香港）出版集團有限公司
	香港灣仔駱克道 193 號東超商業中心 1 樓
	E-mail: hkcite@biznetvigator.com
	電話：(852)25086231　傳真：(852)25789337
馬新發行所	城邦（馬新）出版集團 Cite (M) Sdn Bhd
	41, Jalan Radin Anum, Bandar Baru Sri Petaling, 57000 Kuala Lumpur, Malaysia.
	Tel: (603) 90578822　Fax: (603) 90576622　Email: cite@cite.com.my

封面設計	張燕儀
內頁構成	洪菁穗、阮央筆
印　　刷	卡樂彩色製版印刷有限公司
總 經 銷	聯合發行股份有限公司
	地址：新北市231新店區寶橋路235巷6弄6號2樓
	電話：(02) 2917-8022　傳真：(02) 2917-0053

■2012 年 5 月 31 日初版　　　　　　　　Printed in Taiwan
■2016 年 7 月 7 日二版
■2019 年 3 月 28 日三版　2023 年 12 月 1 日三版 3.3 刷
定價 420 元

商周出版

廣 告 回 函
北區郵政管理登記證
台北廣字第000791號
郵資已付，免貼郵票

104台北市民生東路二段141號2樓

英屬蓋曼群島商家庭傳媒股份有限公司　城邦分公司

商周出版

書號：BCD716　書名：金屬線飾品造型設計　　編碼：

 **商周出版**

讀 者 回 函 卡

謝謝您購買我們出版的書籍！請費心填寫此回函卡，我們將不定期寄上城邦集團最新的出版訊息。

姓名：＿＿＿＿＿＿＿＿＿＿＿＿＿＿＿＿＿＿＿＿＿＿＿

性別：□男　　□女

生日：西元 ＿＿＿＿＿＿＿＿ 年 ＿＿＿＿＿ 月 ＿＿＿＿＿ 日

地址：＿＿＿＿＿＿＿＿＿＿＿＿＿＿＿＿＿＿＿＿＿＿＿

聯絡電話：＿＿＿＿＿＿＿＿＿＿　傳真：＿＿＿＿＿＿＿＿

E-mail：＿＿＿＿＿＿＿＿＿＿＿＿＿＿＿＿＿＿＿＿＿＿

職業：□1.學生 □2.軍公教 □3.服務 □4.金融 □5.製造 □6.資訊

□7.傳播 □8.自由業 □9.農漁牧 □10.家管 □11.退休

□12.其他 ＿＿＿＿＿＿＿＿＿＿＿＿＿＿＿＿＿＿

您從何種方式得知本書消息？

□1.書店□2.網路□3.報紙□4.雜誌□5.廣播 □6.電視 □7.親友推薦

□8.其他 ＿＿＿＿＿＿＿＿＿＿＿＿＿＿＿＿＿＿

您通常以何種方式購書？

□1.書店□2.網路□3.傳真訂購□4.郵局劃撥 □5.其他 ＿＿＿＿＿＿

您喜歡閱讀哪些類別的書籍？

□1.財經商業□2.自然科學 □3.歷史□4.法律□5.文學□6.休閒旅遊

□7.小說□8.人物傳記□9.生活、勵志□10.其他 ＿＿＿＿＿＿＿＿

對我們的建議：＿＿＿＿＿＿＿＿＿＿＿＿＿＿＿＿＿＿＿

＿＿＿＿＿＿＿＿＿＿＿＿＿＿＿＿＿＿＿

＿＿＿＿＿＿＿＿＿＿＿＿＿＿＿＿＿＿＿

＿＿＿＿＿＿＿＿＿＿＿＿＿＿＿＿＿＿＿